Pramod Kumar Jangid
Hari Mohan Meena
Ganesh Lal

Distribuição e situação atual do leopardo no MHNP, Rajastão, Índia

Pramod Kumar Jangid
Hari Mohan Meena
Ganesh Lal

Distribuição e situação atual do leopardo no MHNP, Rajastão, Índia

Situação atual do Leopardo_Panthera pardus fusca

Sci1enciaScripts

Imprint
Any brand names and product names mentioned in this book are subject to trademark, brand or patent protection and are trademarks or registered trademarks of their respective holders. The use of brand names, product names, common names, trade names, product descriptions etc. even without a particular marking in this work is in no way to be construed to mean that such names may be regarded as unrestricted in respect of trademark and brand protection legislation and could thus be used by anyone.

Cover image: www.ingimage.com

This book is a translation from the original published under ISBN 978-3-659-82618-4.

Publisher:
Sciencia Scripts
is a trademark of
Dodo Books Indian Ocean Ltd. and OmniScriptum S.R.L publishing group

120 High Road, East Finchley, London, N2 9ED, United Kingdom
Str. Armeneasca 28/1, office 1, Chisinau MD-2012, Republic of Moldova, Europe
Printed at: see last page
ISBN: 978-620-8-22051-8

RECONHECIMENTO

A realização desta dissertação foi possível com o apoio de várias pessoas. Gostaria de expressar a minha sincera gratidão a todas elas. Em primeiro lugar, gostaria de registar o meu profundo apreço e a minha dívida para com o **Prof. M. S. Sharma, Honorável Vice-Chanceler** da Universidade de Kota, Kota, Rajasthan.

Estou extremamente grato à **Dra. (Sra.) Fatima Sultana,** Coordenadora do Departamento de Ciências da Vida Selvagem, Universidade de Kota, Kota, Rajastão, pela sua valiosa orientação, pelos seus contributos académicos e pelo encorajamento constante que recebi ao longo do trabalho de investigação. Obrigado, Senhora!!! por toda a sua ajuda e apoio.

Gostaria de agradecer ao meu orientador de dissertação**, Dr. Nadim Chisty,** professor catedrático, Meera Girls College, Mohanlal Sukhadia University, Udaipur, Rajasthan, Índia, pela sua supervisão para a conclusão da dissertação, pelo seu apoio académico total e pela sua capacidade de esclarecer as minhas dúvidas, apesar da sua agenda preenchida, e pelas instalações disponibilizadas para a realização do trabalho de investigação no Instituto.

A minha humilde gratidão vai para o **Sr. U. M. Sahay,** Principal Conservador-Chefe da Floresta, Jaipur, Rajastão, e para o **Sr. Anurag Bhardwaj,** Conservador-Chefe da Floresta, Divisão de Vida Selvagem de Kota, e para o **Dr. Sunil Chidri**, Conservador-Adjunto da Floresta, Parque Nacional de Mukandara Hills, que me permitiram trabalhar no Parque Nacional de Mukandara Hills, Rajastão. Estes forneceram pessoal florestal para obter mais informações sobre a área, orientação e proteção da biodiversidade na altura da recolha de dados.

Sinto-me muito bem por compilar todo o meu trabalho e experiência, o que observei no Parque Nacional de Mukandara Hills, Rajasthan. A dissertação não pretende, de forma alguma, ser exaustiva sobre todo o assunto, mas tenta, de uma forma modesta, representá-lo de forma sistemática.

Agradeço ao Departamento de Vida Selvagem da Divisão de Kota, Rajastão, e a toda a equipa de funcionários **de Laxmipura, Kolipura e Jawahar Sagar,** aos guardas florestais, aos guardas de gado e aos aldeões.

Agradeço à **Sra. Shiba Khan e** ao **Dr. Suhel Khan** por terem tido a amabilidade de me ajudarem em várias fases desta investigação, sempre que os abordei, e agradeço ao **Dr. Rishikesh Meena** e ao **Dr. K.S. Nama** pelas suas valiosas sugestões e comentários concisos sobre alguns dos trabalhos de investigação da dissertação que me foram enviados.

Gostaria de agradecer à **Dra. Anna Kaushik**, Bibliotecária Adjunta, Biblioteca Central e à **Sra. Jyoti Jadon**, Bibliotecária Assistente, Universidade de Kota, Kota, pela disponibilização de revistas e pelo seu apoio moral.

A dissertação não teria sido concluída com êxito sem a ajuda dos meus colegas **Hari Mohan Meena, Satyadeo Kumar, Ganesh Lal, Manoj Sen e Rakesh Basnett**, que deram todo o seu apoio durante a recolha de dados e o apoio técnico.

Devo muito aos meus pais, que me encorajaram e ajudaram em todas as fases da minha vida pessoal e académica, e que desejaram ver esta realização concretizada. O meu pai, **Sr. Bhawani Shankar Jangid**, funcionário público de profissão, foi a pessoa ideal para me apoiar durante o estudo.

Acima de tudo, devo-o a Deus Todo-Poderoso por me ter concedido a sabedoria, a saúde e a força para empreender esta tarefa de investigação e por me ter permitido concluí-la.

DESCRIÇÃO DO CONTEÚDO

CAPÍTULO 1
INTRODUÇÃO

A distribuição e a abundância populacional dos grandes carnívoros são moldadas por três factores extrínsecos, como o habitat e as caraterísticas da paisagem, a distribuição e a disponibilidade de recursos (*por* exemplo, presas) e as atitudes e actividades humanas, bem como a capacidade de adaptação intrínseca da espécie em causa (Zimmermann, 2004). A perda de habitat, a fragmentação, o esgotamento das populações de presas, a caça furtiva e a perseguição são ameaças bem documentadas para as espécies de carnívoros (Nowell e Jackson, 1996; Inskipp e Zimmerman, 2009). Os grandes carnívoros são mais vulneráveis ao declínio devido à sua grande área de vida e às suas necessidades alimentares. Consequentemente, as suas áreas geográficas reduziram-se, as populações diminuíram de tamanho e tornaram-se mais isoladas. Basicamente, a eliminação das ameaças e a restauração sucessiva do habitat e das presas podem levar à recuperação da população através do crescimento e da imigração, se a conetividade com populações adjacentes for facilitada e a taxa de dispersão suficiente (Zimmermann, 2004, Gurung *et al.*, 2008; Harihar *et al.*, 2009a). O comportamento predatório dos grandes carnívoros e os danos frequentes causados ao gado sempre causaram conflitos com os seres humanos (Nowell e Jackson, 1996; Inskip e Zimmerman, 2009).

A Índia, apesar do rápido esgotamento da vida selvagem durante o século atual, ainda possui uma variedade notável de mamíferos de grande e pequeno porte. Mas é um facto que a vida selvagem representa o bem que mais rapidamente desaparece no país. No entanto, o declínio dos grandes, médios e pequenos carnívoros é uma preocupação mundial.

Distribuição:
Das 36 espécies de felinos existentes no mundo, a Índia possui quinze, incluindo cinco dos felinos de grande porte: o tigre (*Panthera tigris*), o leão (*Panthera leo*), o leopardo (*Panthera pardus*), o leopardo-das-neves (*Uncia uncia*) e o leopardo-nebuloso (*Neofelis nebulosa*) (Edgaonkar e Chellam, 1998). De todos os felinos selvagens, o leopardo é a espécie mais comum e mais amplamente distribuída (Nowell e Jackson, 1996), que se encontra em quase todos os tipos de habitat, desde as florestas tropicais até às regiões desérticas e temperadas (Kitchener, 1991), bem como em zonas degradadas (Pocock, 1939; Prater, 1971; Bailey, 1993 e Daniel, 1996) e que se sabe

ocorrer desde África até ao Sul da Ásia, para norte, até à Ásia Central e para leste, até ao vale de Amur, na Rússia (Bailey, 1993 e Edgaonkar e Chellam, 1998).

Atualmente, não existem verdadeiras zonas selvagens onde a natureza se mantenha sem, pelo menos, alguma influência humana. No entanto, uma quantidade surpreendente de vida selvagem sobreviveu, incluindo a maioria das espécies de grandes herbívoros e de grandes carnívoros. É muito importante manter e restabelecer, em coexistência com as pessoas, populações viáveis de grandes carnívoros como parte integrante dos ecossistemas e das paisagens, reintegrando-os em alguns dos seus antigos habitats, as paisagens. Assim, a preservação dos carnívoros torna-se uma consideração importante na disciplina da biologia da conservação (Eisenberg, 1986; Ginsberg, 2001e Gittleman *et al.*, 2001).

Os leopardos são normalmente considerados como merecendo uma baixa prioridade de conservação devido à sua ampla distribuição e flexibilidade ecológica, mas o estado da população global é ainda incerto (Nowell e Jackson, 1996; Henschel *et al.*, 2008) devido à dificuldade de monitorização devido à sua natureza críptica, grande área de vida e baixas densidades populacionais (Rabinowitz, 1989; Bailey, 1993; Nowell e Jackson, 1996). O método tradicional de observação de pugmark utilizado para monitorizar a abundância de grandes felinos (Panwar, 1979; Riordan, 1998) revelou-se pouco rigoroso do ponto de vista estatístico (Karanth, 1987; 1988; 1995). A radiotelemetria tem sido utilizada para estudar estes felídeos, mas os seus hábitos noturnos, a sua baixa densidade e o seu comportamento de grande amplitude dificultam a aplicação desta técnica (Karanth, 1995).

As populações de leopardo são extremamente difíceis de contar. Os seus movimentos abrangentes, hábitos noturnos, natureza solitária e densidades naturalmente baixas dificultam os esforços de monitorização (Balme *et al.*, 2009a). A obtenção de estimativas populacionais fiáveis para a fauna selvagem é muitas vezes possível através de censos aéreos, road-strip (*i.e.,* observação da fauna selvagem a partir de veículos) e contagens completas (Redfern *et al.*, 2002; Balme *et al.*, 2007). No entanto, estas técnicas são pouco práticas, dispendiosas e demoradas devido à natureza críptica do leopardo (Balme *et al.*, 2009a). Foram desenvolvidos métodos de amostragem alternativos para estimar a abundância ou fornecer índices de abundância relativa (Williams *et al.*, 2002). A monitorização por contagem de rastos é útil, mas requer batedores altamente treinados e substrato adequado para a identificação das marcas de rastos individuais (Hayward *et al.,* 2002; Karanth *et al.,* 2003). Um método desenvolvido por Karanth & Nichols (1998), que utiliza modelos de captura e recaptura com armadilhas fotográficas para estimar a dimensão da população do tigre *Panthera tigris,* foi posteriormente utilizado para uma série de espécies de felídeos, incluindo leopardos, com excelentes resultados (Jackson *et al.,* 2006; Henschel, 2008; Balme *et al.,* 2009a).

A distribuição geográfica do leopardo estende-se por toda a África, Ásia Central e Sudeste Asiático, com populações dispersas na China e no norte do vale do Amur, na Rússia. Em tempos, os leopardos distribuíram-se pela região setentrional e a sul do Sara em

África, Península do Sinai a norte até ao Cáspio ocidental através da Arábia, através da Turquia, Irão e Afeganistão no Médio Oriente e em toda a Índia a sul até ao Sri Lanka a norte até ao centro-norte da China, extremo leste da Rússia (Sibéria e Coreia) e no sudeste da Ásia, incluindo a Indochina e as ilhas de Java (Bailey, 1993). No virar deste século, os leopardos foram extintos em vários países devido a várias razões (Turnbull-Kemp, 1967; Guggisberg, 1975; llany, 1986; Green, 1987; Martin e De Meulenaer, 1988 e Bailey, 1993).

Atualmente, os leopardos distribuem-se pela África (a sul do Sara, a norte, até à Província do Cabo, na República da África do Sul, a sul), Marrocos, Argélia e Tunísia, mais a leste, até à Turquia, Sinai, Israel, Península Arábica, Transcaucásia, Iraque, Irão e regiões vizinhas do Turquemenistão, na URSS, Afeganistão, Paquistão, Índia, com o Sri Lanka até à Indochina e sul da China, Península Malaia, Java e Tailândia (Guggisberg, 1975; llany,1986; Khan, 1986; Khan e Beg, 1986; Santiapillai e Ramono, 1992; Bailey, 1993 e Korkishko e Pikunov, 1994).

Caraterísticas físicas:
O leopardo apresenta grandes variações no seu aspeto e comportamento. O leopardo-indiano (*Panthera pardus fusca*) é um animal de pelo curto e elegante, com uma pelagem fulva ou fulva brilhante, marcada por pequenas rosetas negras bem definidas (Turnwell-Kemp, 1967; Bailey, 1993 e Prater, 1997). Estas rosetas são mais pequenas e não têm manchas escuras no meio, mas são círculos negros divididos em 2 a 5 partes. A cor da pelagem varia do amarelo pálido ao dourado profundo. Os animais da zona desértica são mais pálidos. Os leopardos de Caxemira têm uma pelagem macia, cinzenta e de pelo profundo, com pequenas rosetas de bordo grosso. A cor da pelagem e os padrões das rosetas estão amplamente associados aos tipos de habitat circundantes (Pocock, 1939). Os padrões da pelagem diferem entre leopardos individuais e de um lado do corpo para o outro no mesmo indivíduo (Henschel e Ray, 2003 e Khorozyan,

2003).

O leopardo é frequentemente considerado como o epítome das caraterísticas e do comportamento dos grandes felinos. Reservado, silencioso, suave e flexível como um pedaço de seda, é um animal da escuridão e, mesmo na escuridão, viaja sozinho. O leopardo, devido aos seus hábitos furtivos, é quase impossível de ver (Edey, 1968). A audição, a visão, o olfato e todos os sentidos superiores, são altamente desenvolvidos nos carnívoros, particularmente nas tribos que vivem habitualmente da caça, como os gatos.

O leopardo tem um corpo alongado e membros de comprimento moderado. As patas são largas e arredondadas e as orelhas são curtas. A cauda é mais comprida do que o corpo e auxilia os seus movimentos. A garganta, o peito, o ventre e a parte interna dos membros são brancos. A parte de trás das orelhas é preta com uma mancha central branca, mas existem vários padrões de pelagem aberrantes. O crânio é relativamente alongado, mas plano na superfície superior.

No subcontinente indiano, o leopardo é o carnívoro de grande porte mais amplamente distribuído, desde os Himalaias, a norte, até ao Sri Lanka, a sul (Prater, 1997). Entre os consumidores secundários de níveis tróficos, o leopardo ou pantera (*Panthera pardus*), protegido ao abrigo do Anexo I da Lei de Proteção da Vida Selvagem (1993, alterada) por lei na Índia, é a espécie mais comum e mais amplamente distribuída entre os grandes felinos em todo o país, ocupando uma grande variedade de habitats, desde florestas de primeira qualidade a zonas degradadas (Pocock,1939, Prater, 1997 e Daniel, 1996). Sabe-se que o leopardo ocupa todos os tipos de nichos, desde o deserto de Thar (Robert, 1977) até zonas montanhosas nas regiões dos Himalaias (Green, 1987 e Johnsingh *et al.*, 1991; Ilany, 1986; Khan e Beg, 1986 e Bailey, 1993). O leopardo encontra-se em todo o subcontinente, com exceção dos desertos e dos mangais de Sundarbans (Khan, 1986 e Johnsingh *et al.*, 1991). Nos Himalaias, a presença do leopardo foi registada até 3400 metros de altitude nas regiões trans-himalaias (Green, 1987). Excecionalmente, Guggisberg (1975) observou a presença de leopardos até 5700 metros de altitude.

Caraterísticas de reprodução:

Os leopardos reproduzem-se durante todo o ano em toda a sua área de distribuição, exceto nas regiões tropicais (Prater, 1997). Não têm uma época de reprodução específica. Em África, a maior parte dos namoros (49%) entre leopardos foi observada entre janeiro e março (Bailey, 1993). No Sri Lanka, a reprodução foi registada durante a estação seca, ou seja, de maio a julho (Santipillai *et al.*, 1982).

A idade de maturidade dos leopardos machos e fêmeas é de 2-3 anos e 3 anos (Bailey, 1993). As leopardas fêmeas parecem crescer mais rapidamente do que os machos. As fêmeas são sexualmente receptivas em intervalos de 3-7 semanas e o período de recetividade dura 4 a 5 dias. Nesta fase, as fêmeas tornam-se cíclicas e os estudos efectuados com leopardos em cativeiro indicam um período de estro médio de 6 a 7 dias e um período inter-estro de 45,8 dias (Sadlier, 1966). Bailey (1993) referiu ciclos de estro de cerca de 46 dias em fêmeas em cativeiro. O período de gestação varia de 90 a 110 dias (média de 96 dias). Normalmente nascem 2 crias por ninhada, ocasionalmente 3 ou 4. O leopardo pode dar à luz uma ninhada de 1-6 crias (Turnbull-Kemp 1967). O tamanho médio das ninhadas varia entre 2 e 3 (Turnbull-Kemp, 1967; Santiapillai *et al.*, 1982; Seidensticker *et al.*, 1990 e Bailey, 1993). As crias nascem numa toca ou debaixo de arbustos (Bothma e Le Riche, 1984; Seidensticker *et al.*, 1990 e Bailey, 1993). As crias pesam 400-700 gm. na altura do nascimento e abrem os olhos após 79 dias (Ewer, 1973 e Hemmer, 1976a). As crias são desmamadas aos três meses de idade, altura em que começam a acompanhar a mãe nas caçadas (Bothma e Le Riche, 1984 e Bailey, 1993). As crias permanecem com a mãe durante 12 a 18 meses. Depois tornam-se independentes e estabelecem os seus próprios territórios (Eisenberg e Lockhart, 1972; Muckenhirn e Eisenberg, 1973 e Bailey, 1993). A mortalidade das crias é frequentemente observada por (Seidensticker *et al.*, 1990) no Parque Nacional de Chitwan, no Nepal. As crias macho têm uma taxa de mortalidade mais elevada do que as fêmeas (Bailey, 1993).

O intervalo entre partos registado é de 20 a 21 meses (Seidensticker *et al.*, 1990 e Bailey, 1993). As fêmeas em cativeiro produziram crias com 19 anos de idade, mas a idade média da última reprodução foi de 8,5 anos (Bothma e Le Riche, 1984 e Bailey, 1993). A esperança máxima de vida do leopardo selvagem é de 12 anos, enquanto os leopardos em cativeiro viveram até aos 20 anos (Bailey, 1993).

Ameaças à conservação:
Devido ao aumento da população humana, à perda de habitats e à caça furtiva, a população de leopardos tem sido negativamente afetada. Os leopardos estão ameaçados em grande parte da sua área de distribuição (Roberts, 1977; Santiapillai *et al.*, 1982; Ilany, 1986; Green, 1987; Khan, 1986; Bailey, 1993 e Daniel, 1996), embora a espécie não esteja ainda ameaçada de extinção, exceto em certas zonas (Myers, 1976). A ampla distribuição geográfica dos leopardos é também atribuída à sua capacidade de

coexistência com outros grandes carnívoros (Hamilton, 1976 e Seidensticker *et al.*, 1990). No Sul da Ásia, o leopardo tem uma vantagem sobre o tigre devido à sua capacidade de sobreviver fora das zonas protegidas (Seidensticker *et al.*, 1990).

O leopardo é um animal do Anexo I da Lei da Vida Selvagem (Proteção) de 1972, que confere o nível mais elevado de proteção à espécie na Índia. No entanto, as incidências de abate e o comércio ilegal de partes de corpo de leopardo são ainda elevados em comparação com o tigre ou outro grande felídeo (Athreya *et al.*, 2004). Os dados sobre as apreensões de partes de tigre e de leopardo compilados pela TRAFFIC-Índia indicam que, por cada tigre morto, mais de cinco leopardos estão a ser vítimas de caça furtiva e que os leopardos distribuídos no Norte da Índia estão em perigo de extinção (Relatório WWF, 1997). Na região montanhosa do Norte da Índia, os leopardos estão a ser mortos devido ao seu confronto com o homem (Negi, 1996 e Relatório WWF, 1997).

Esforços de conservação:
O leopardo foi colocado no Apêndice 1 da Convenção sobre o Comércio Internacional das Espécies Ameaçadas de Extinção (CITES), que proíbe o comércio do leopardo ou das suas partes do corpo. Nos termos do tratado CITES, é proibida a utilização de peles de leopardo ou de partes do seu corpo para fins comerciais. Mas, na ausência de uma campanha eficaz de relações públicas, não foi possível controlar o abate de leopardos para fins comerciais (Relatório WWF, 1997). Alarmada com o ritmo a que os leopardos estão a ser mortos para fins socioeconómicos, a União Internacional para a Conservação da Natureza classificou as suas oito subespécies como ameaçadas ou criticamente ameaçadas. Na Índia, o leopardo é uma espécie da lista 1 e a sua caça é proibida desde 1972, após a aplicação da Lei da Vida Selvagem (Proteção) de 1972. O leopardo é protegido juntamente com os carnívoros coexistentes nas zonas protegidas, mas não existe uma estratégia de gestão clara para a conservação do leopardo que reside fora das zonas protegidas. Por conseguinte, é extremamente necessário dispor de um plano de gestão para a conservação das espécies, especialmente em paisagens dominadas pelo homem.

CAPÍTULO 2
OBJECTIVOS

1.	Estimar a situação da população de leopardo no Parque Nacional de Mukandara Hills.

2.	Estudar a pressão antropogénica sobre o leopardo no Parque Nacional de Mukandara Hills.

Importância do estudo:

Estabilizar o estado do leopardo como população, as suas actividades, movimentos e as probabilidades do seu habitat de sobrevivência no âmbito da presença ou ausência de ocorrência na área de estudo. Através destes objectivos, serão também indicadas as condições favoráveis e desfavoráveis à sobrevivência do leopardo no Parque Nacional de Mukandara Hills.

CAPÍTULO 3
REVISÃO DA LITERATURA

1. Advait Edgaonkar (2008) estudou "A ecologia do leopardo (*Panthera pardus*) foi estudada de 2002 a 2006 no Santuário de Vida Selvagem de Bori e no Parque Nacional de Satpura em Madhya Pradesh, Índia". As estimativas de densidade das espécies de presas potenciais dos leopardos e dos seus carnívoros simpátricos, o tigre (*Panthera tigris*) e o charco (*Cuon alpinus*), foram efectuadas anualmente, de 2002 a 2005, utilizando o método do transecto linear. O resultado obtido por transectos em veículo. Foram quantificados os hábitos alimentares e a preferência de presas dos leopardos, tigres e charnecas. A metodologia utilizada foi a linha de transecto, a análise de excrementos, as armadilhas fotográficas e o método de captura de marcas.

2. Alexander Gavashelishvili e Victor Lukarevskiy (2008) estudaram a modelação das necessidades de habitat do leopardo Panthera pardus na Ásia Ocidental e Central. Foram amostrados *cerca de* 4000 km de linhas de cumeada, trilhos e bermas de estradas, de carro, a pé e a cavalo. Os dados foram cartografados utilizando o software ArcView v.3·3 GIS (ESRI Inc., Redlands, CA). A resposta positiva da presença de leopardo à cobertura de neve de curta duração no nosso modelo pode estar ligada ao impacto negativo da neve no movimento e na base alimentar, como ocorre com outras espécies. Além disso, a análise do número de leopardos abatidos sugere que, quando a cobertura de neve dura mais de 4 meses, é mais fácil para os caçadores localizarem e exterminarem uma maior proporção da população de leopardos.

3. Arezoo Sanei, Mohamed Zakaria, Ebil Yusof & Mohamad Roslan (2011) estudaram a estimativa do tamanho da população de leopardo numa floresta secundária na aglomeração da capital da Malásia utilizando a classificação não supervisionada de marcas de pug. O objetivo deste estudo foi estimar o tamanho da população de leopardo-comum *(Panthera pardus)* na Reserva Florestal de Ayer Hitam em Selangor, Malásia. Utilizámos uma metodologia de classificação não supervisionada de marcas de pegadas que permite agrupar os conjuntos de dados com base nas suas semelhanças inerentes. Foi encontrado no terreno um total de 168 rastos e passos de leopardos (ou seja, 54 rastos de patas traseiras, 61 rastos de patas dianteiras e 53 passos).

4. A. J. Edgoankar e Ravi Chellam (1998). Trabalharam no estudo "A preliminary Study on the Ecology of the Leopard, *Panthera pardus fusca* in the Sanjay Gandhi National Park, Maharashtra". A metodologia utilizada foi a técnica de pugmark. Os objectivos deste estudo são determinar a dieta do leopardo no Parque Nacional de Sanjay Gandhi e estimar a abundância relativa de presas potenciais para os leopardos em zonas selecionadas do Parque Nacional de Sanjay Gandhi.

5. A.M.H. Al-Johany (2006) estudou a "*Distribuição e conservação do leopardo-da-arábia Panthera pardus nimr na Arábia Saudita*", tendo observado os dados através de um método direto e direto com a utilização de GPS no campo de estudo. O presente estudo indicou que, em mais de 90% dos locais de ocorrência do leopardo, o hyrax vive perto das tocas do leopardo. O principal conflito entre o homem e o leopardo na Arábia teve origem em ataques e predação de rebanhos domésticos de ovelhas, cabras e camelos. Para muitos pastores e criadores de camelos, o leopardo é uma praga que mata mais presas do que as que come. Por vezes, um leopardo mata 10-15 ovelhas ou cabras e come apenas uma ou duas. A maioria das mortes ocorre perto da toca de um leopardo. Nalguns casos, foi relatado que os leopardos atacaram animais domésticos nos seus recintos, especialmente na parte sul de Sarawat, onde as aldeias estão próximas do habitat dos leopardos.

6. Deep N. Pandey (1996), "Sacred Forestry: The Case of Rajasthan, India". Segundo as suas estimativas, existem no Rajastão cerca de 25 000 bosques sagrados e outros ecossistemas santificados, com dimensões que variam entre 0,1 ha e 500 ha.

7. A Dra. **Fatima Sultana** estudou o tema "Impactos humanos na biodiversidade do santuário de vida selvagem de Darrah no Rajastão", professora catedrática, Departamento de Zoologia da PG, Colégio Governamental JDB Womens, Universidade de Kota, Kota, Rajastão, Índia.

8. James A. Spalton e Hadi M. Al Hikmani (2006) publicaram The Leopard in the Arabian Peninsula - Distribution and Subspecies Status. Alguns indivíduos sobrevivem no deserto da Judeia e nas terras altas do Negev, enquanto na Península Arábica os leopardos são conhecidos apenas de um local na República do Iémen e de um no Sultanato de Omã. Em Omã, a situação é muito mais promissora e os leopardos das montanhas de Dhofar beneficiaram de medidas de conservação abrangentes.

9. Krishnendu Mandal, K. Shankar, Qumar Qurashi, Shilpi Gupta e Puja Chaurasia (2012) trabalharam na estimativa da população e na sobrevivência do leopardo na parte ocidental da Índia através da captura e recaptura de fotografias de amostragem. Para estimar a taxa de sobrevivência do leopardo, utilizaram o desenho robusto e a combinação de diferentes parâmetros para a determinação.

10. Muhammad Waseem (2008) estudou a "*Monitorização do leopardo-comum (Panthera pardus) e das suas presas no Norte do Paquistão*" e utilizou a metodologia de armadilhagem fotográfica, um trabalho de recaptura de marcas e amostragem à distância através de transectos lineares. Segundo ele, os leopardos no Paquistão encontram-se principalmente nas florestas de alta montanha do Punjab, NWFP e

AJ&K. O leopardo-comum, embora amplamente distribuído no Paquistão, é único na maioria dos seus habitats. Com exceção de alguns locais em NWFP, como Gallies, onde um grau razoável de proteção ajudou esta espécie a crescer em número, as suas populações diminuíram noutras partes.

11.   T. Ramesh, V. Snehalatha, K. Sankar e Qamar Qureshi (2009). "Food habits and prey selection of tiger and leopard in Mudumalai Tiger Reserve, Tamil Nadu, India" (Hábitos alimentares e seleção de presas do tigre e do leopardo na reserva de tigres de Mudumalai, Tamil Nadu, Índia), utilizando a estimativa da disponibilidade de presas através do método de transectos e a reconstrução da dieta através de inquéritos intensivos.

12.   Vorgelegt von (2011) estudou "a ecologia de forrageamento dos leopardos (Panthera pardus) utilizando dados de atividade e localização: uma tentativa exploratória". Utilizou o colar de rádio GPS para monitorizar e observar o habitat do leopardo no estudo apropriado. Durante o estudo, apenas os grupos identificados no período de junho de 2008 a fevereiro de 2009 foram objeto de investigação. Os métodos analíticos para dados de atividade utilizando o padrão de atividade 1.2 são aqui descritos de acordo com Krop-Benesch *et al.,* (2010). Existem três ferramentas principais que foram utilizadas neste estudo. Devem ser efectuadas mais observações do uso do espaço, atividade e comportamento de caça em mais indivíduos de cada classe de idade e sexo para ter em conta a variabilidade intra-específica. Cinquenta e quatro destes locais foram investigados 171 ± 91 dias (média $\pm$ sd) após o potencial evento de predação, o que resultou na deteção de restos de presas em 31 locais e, por conseguinte, numa taxa de sucesso de 57,4 %. A maioria (76%) das presas consistiu em hyraxes-das-rochas *Procavia capensis* e klipspringers *Oreotragus oreotragus*, espécies diurnas que vivem em terrenos acidentados.

CAPÍTULO 4
ÁREA DE ESTUDO

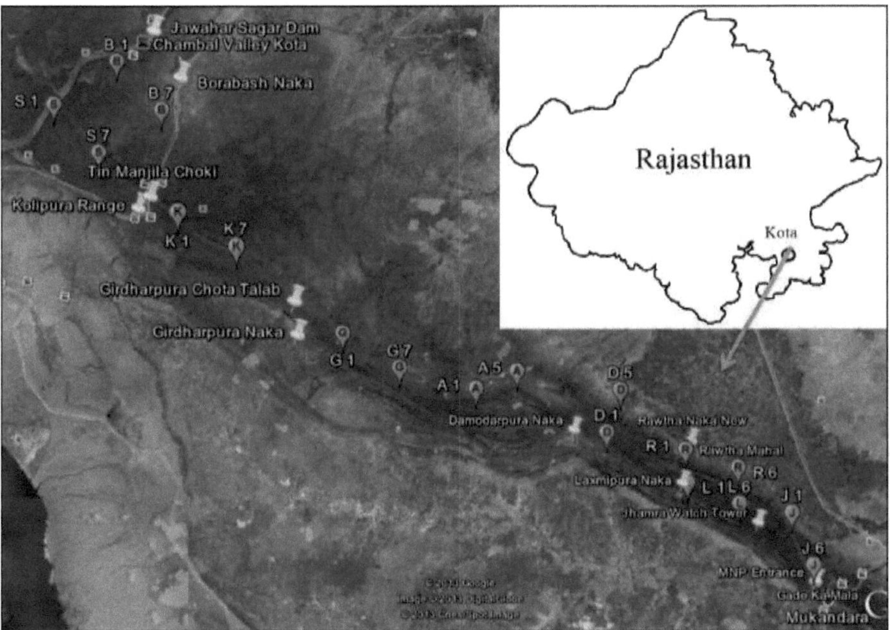

Figura 1: Mapa da área de estudo

Localização, área e caraterísticas físicas:

Todos os estudos de campo foram efectuados no Parque Nacional de Mukundra Hills, Kota, Rajastão, entre março e junho de 2013. Está situado na parte sudoeste do Rajastão, no estado da Índia, e as coordenadas são 25°03'-24°48' a 75°43'-75°59', 199,45 km2. Este Parque Nacional foi formado em 06-12-2010 pela ordem no. 11(56) wild/2001/ part Jaipur datada de 13-10-2009, na parte existente do Santuário de Vida Selvagem de Darrah (157,48 km2), do Santuário de Vida Selvagem de Jawhar Sagar (36,43 km2) e do Santuário Nacional de Chambal Gharial (5,54 km2). Recentemente, no mês de abril de 2013, o Governo do Estado declarou-a como a nova e terceira reserva de tigres no Rajastão. Quanto aos limites, na parte ocidental existe o rio Chambal e, até ao vale de Geparnath, na parte oriental, a linha ferroviária (linha Deli-Mumbai) divide-a do Santuário de Vida Selvagem de Darrah. Na parte norte, a linha de fogo faz fronteira com o parque nacional e, na parte sul, a fronteira distrital do distrito de Chittorgarh e do distrito de Kota.

Geologia e terreno da zona de estudo:

O parque é composto por duas colinas contínuas de topo plano e quase paralelas, com cumes centrais estreitos, que fazem parte do sistema de cordilheira de Vindhyan. Geologicamente, a área do parque nacional é constituída por arenito, calcário e rochas conglomeráticas. O solo desta zona é formado principalmente pela desintegração dos xistos de Ganugarh, dos xistos de Samariya (grupo Bhandar) e dos xistos de Jhiri (grupo Rewa), misturados com grãos de areia desintegrados.

Em toda a área florestal, o solo é geralmente seco, empobrecido e deficiente em húmus. Nas encostas, o solo é franco-arenoso, pouco profundo e coberto de pedras e pedregulhos. O solo dos planaltos e outras zonas planas é franco-arenoso misturado com cascalho e pedregulhos e tem uma cor avermelhada. O território é essencialmente montanhoso, com uma rede intercalada de ribeiros, nallahs e rios. A inclinação geral do terreno é de Sudeste para Leste.

Clima, temperatura, padrão de precipitação e humidade da área de estudo:

O clima desta zona é subtropical. Observa-se uma grande variação de temperatura ao longo do ano. A temperatura varia entre 2° C e 45°C. Geralmente, a monção começa no último mês de junho, mas por vezes atrasa-se para a segunda semana de julho e continua até ao mês de setembro. As chuvas de inverno também ocorrem ocasionalmente durante os meses de janeiro e fevereiro. A precipitação média varia entre 500-1150 mm. A humidade do ar mantém-se geralmente baixa, exceto nas estações das chuvas, em que varia entre 50 e 60 por cento.

O Parque Nacional de Mukandara Hills é densamente arborizado e está espalhado por um terreno montanhoso. O Parque Nacional de Mukandara Hills está repleto de vários tipos de animais selvagens. Algumas das espécies residentes neste misterioso santuário são o lobo, o nilgai, o veado e o porco selvagem. Atualmente, o Parque Nacional de Mukandara orgulha-se de ter uma rica população de vida selvagem composta por leopardos, lobos, ursos-preguiça e chinkara. O parque é também o lar de uma série de aves e répteis. Os amantes da aventura e da vida selvagem podem esperar uma estadia maravilhosa em Darrah. De facto, desde safaris na selva a caminhadas, há muito para ver e fazer no Parque Nacional das Colinas de Mukandara. Além disso, o Parque Nacional Mukandara Hills é exuberante com folhagem verde e muitas ervas e árvores medicinais raras. Os turistas que procuram aventura e solidão dedicam-se a caminhadas ao longo dos muitos trilhos de montanha e a safaris de jipe pelas áreas florestais.

O Santuário de Vida Selvagem de Darrah foi declarado reserva de vida selvagem no ano de 1955. Muito antes, era o local de caça preferido dos governantes reais de Kota. Nessa altura, a cobertura vegetal da região era muito mais densa. As florestas densas eram habitadas por um grande número de tigres, veados e rinocerontes. Não admira que fosse a escolha dos antigos marajás de Kota. Embora tenha havido uma redução considerável da área florestal e a população de animais selvagens também tenha diminuído, vale bem a pena visitá-la aquando de uma viagem a Kota.

O Parque Nacional Mukandara Hills é o lar de leopardos, ursos-preguiça, antílopes, nilgai, veados e lobos. Os antílopes e os lobos são vistos em número particularmente elevado e, se tiver sorte, poderá também avistar os poucos leopardos e ursos-preguiça que habitam o Santuário. É realmente um prazer ver estes animais selvagens no seu habitat natural.

Existem muitos alojamentos de caça no Parque Nacional das Colinas de Mukandara. Devido ao facto de ter sido a base dos antigos marajás, foram construídos muitos alojamentos para eles se instalarem. Estas são, por si só, dignas de serem vistas e, além disso, a partir daqui, é possível observar muito bem os animais que se movimentam no seu ambiente natural.

CAPÍTULO 5
METODOLOGIA

Método de transectos em linha: O método de transectos em linha (Burnham *et al.,* 1980 e Anderson *et al.,* 1979) foi utilizado para estimar a densidade global, a densidade relativa, a taxa de encontro e o tamanho do grupo. O método de transectos de linha é prático, eficaz e pouco dispendioso. Nove transectos foram sistematizados aleatoriamente, variando o seu comprimento entre 2 km e 3 km, entre as 6:00 e as 10:00 horas da manhã. Neste método, é colocada uma linha numa estrada que é frequentemente utilizada por animais selvagens. Nestes métodos, especialmente os investigadores pegam numa corda de 20 metros de comprimento (para preparar um quadrado) ou fazem um transecto em cada 500 metros, o número total de espécies foi contado, o que está incluído no trânsito. Neste método, as evidências observadas em ambos os lados da linha (como o comprimento de 2-3 km na amostragem de campo).

Os seguintes pressupostos foram sempre tidos em consideração no método de monitorização por linhas de transecto:
- Os pontos diretamente sobre a linha foram vistos com probabilidade um.
- Os pontos foram fixados na posição inicial de observação (não se movem antes de serem observados) e nenhum foi contado duas vezes.
- Não se registaram erros de medição.
- Todos os avistamentos foram eventos independentes.

As escamas de leopardo foram recolhidas sempre que foram encontradas na área de estudo durante o período de estudo. As fezes são normalmente utilizadas para determinar o hábito alimentar, uma vez que se trata de uma técnica não destrutiva (Bailey, 1993 e Mukherjee *et al.,* 1994).

As fezes foram recolhidas de forma oportunista e sistemática em diferentes habitats, incluindo locais de covas em toda a área de estudo, à medida que eram encontradas durante o trabalho de campo ou durante os transectos. Estas fezes foram diferenciadas das de outras espécies de carnívoros coexistentes com base na sua forma, tamanho e sinais associados, como restos e rastos (Norton *et al.,* 1986; Rabinowitz, 1989 e Chauhan, 2009). O leopardo foi o único grande felino encontrado na maior parte da área de estudo, pelo que, na ausência do tigre e do leão, foi fácil identificar os seus dejectos de outros pequenos predadores sem qualquer confusão. Havia a possibilidade de confundir as fezes do leopardo com as fezes dos cães na área de estudo. As fezes eram consideradas fezes de leopardo se tivessem extremidades pontiagudas e muitos lóbulos em relação ao seu tamanho ou se estivessem associadas a marcas de pug ou a restos (Edgaonkar e Chellum, 2002).

As fezes serão examinadas em relação às espécies de presas selvagens e domésticas. As espécies de presas serão identificadas com base na análise microscópica dos pêlos e na presença de fragmentos de ossos, dentes, unhas e outras partes duras, tal como descrito por Grobler & Wilson (1972) e Mukherjee *et al.* (1994).

Inquérito por questionário: Para o estudo do estado das observações em qualquer área para saber todas as informações perto e em torno dessas áreas sobre o seu desenvolvimento e implementação de conservação e o que pensam as pessoas locais em relação a essa área. Para o estudo, a preparação do formato do questionário para observar os dados ou para conhecer o estado deve selecionar algumas pessoas para a sua entrevista.

Os seguintes equipamentos foram utilizados durante o inquérito:

- Binocular
- Câmara - Digital e SLR
- GPS
- Armadilha fotográfica
- Livros de referência
- Corda
- Jornais de notícias
- Sacos de polietileno
- Tocha
- Folha de dados

CAPÍTULO 6
OBSERVAÇÃO E RESULTADO

Durante o estudo de campo no Parque Nacional de Mukandara Hills, para efeitos de distribuição do leopardo, foi utilizada a metodologia de linha de transecto com pesquisa oportunista direta (animal selvagem) e indireta de indícios (excrementos, pellets, marcas de pug, cadáveres de animais, etc.). Foram utilizados os seguintes instrumentos: armadilha fotográfica (utilizada entre as 19h00 da noite e as 5h00 da manhã, fixada a uma árvore ao lado do caminho do movimento do animal selvagem, devendo a armadilha fotográfica não ser visível para o animal selvagem), binóculo (utilizado para observar o animal selvagem e o seu movimento), máquina fotográfica digital (utilizada para captar ou recapturar fotografias do animal selvagem para a sua identificação) e GPS (utilizado para localizar o animal selvagem e as suas provas).

A área de estudo foi estudada de forma atenta e honesta, de acordo com os conhecimentos científicos e adequados, no Parque Nacional de Mukandara Hills, com o objetivo de observar os dados e a informação para conhecer a distribuição do leopardo neste Parque Nacional. Durante o inquérito, foram observadas 29 amostras de excrementos em 13 áreas de leopardo e foram encontradas marcas de pug em todos os locais de leopardo neste Parque Nacional. Dos 29 excrementos, o máximo de 4 excrementos foi observado na mancha de pantera de Kanjar, pelo que a percentagem de ocorrência de excrementos de leopardo é de 13,80%, como se pode ver no Quadro 1 e na Figura 1. O movimento máximo do leopardo é possível nas seguintes zonas de observação, de um total de 13 zonas de observação: Seljar, Kolipura, Girdharpura, Ambapani, Laxmipura, Jhamra, Maujhar Mata e Kanjar, neste parque nacional.

S. Não.	Mais próximo Localização	Localização GPS	Primeiro inquérito		Segundo inquérito		Total de dejectos	Percentagem de ocorrência
			Escória	Pugmark	Escória	Pugmark		
1.	Seljar Transecto	25°00'08.64 "N 75°38'06.58 "E	1	Sim	2	Sim	3	10.34%
2.	Borabas Transecto	25°01'11.74 "N 75°39'51.20 "E	0	Não	0	Não	0	00.00%
3.	Kolipura Transecto	24°57'27.80 "N 75°41'31.00 "E	2	Sim	0	Sim	2	6.90%
4.	Girdharpura Transecto	24°54'33.47 "N 75°46'00.26 "E	2	Sim	1	Sim	3	10.34%
5.	Ambapani Transecto	24°53'12.33 "N 75°49'36.19 "E	0	Sim	2	Sim	2	6.90%
6.	Damodarpura Transecto	24°52'08.29 "N 75°53'09.45 "E	1	Sim	0	Não	1	3.45%
7.	Rawtha Transecto	24°51'42.77 "N 75°55'17.84 "E	1	Sim	1	Sim	2	6.90%
8.	Transecto de Laxmipura	24°50'53.79 "N 75°55'21.47 "E	2	Sim	1	Sim	3	10.34%
9.	Jhamra Transecto	24°50'09.61 "N 75°58'11.47 "E	2	Sim	1	Sim	3	10.34%
10.	Maujhar Mata*	24°57'53.60 "N 75°42'03.90 "E	1	Sim	2	Sim	3	10.34%
11.	Kadap Ka Khal*	24°58'11.25 "N 75°39'11.21 "E	1	Sim	0	Sim	1	3.45%
12.	Kanjar*	24°54'07.00 "N 75°46'27.26 "E	2	Sim	2	Sim	4	13.80%
13.	Kathuni Khala*	24°53'01.96 "N 75°53'13.25 "E	1	Sim	1	Sim	2	6.90%
	Total de dejectos		16		13		29	100 %

Quadro 1: Recolha de excrementos de leopardo-comum (*- Pesquisa não destrutiva)

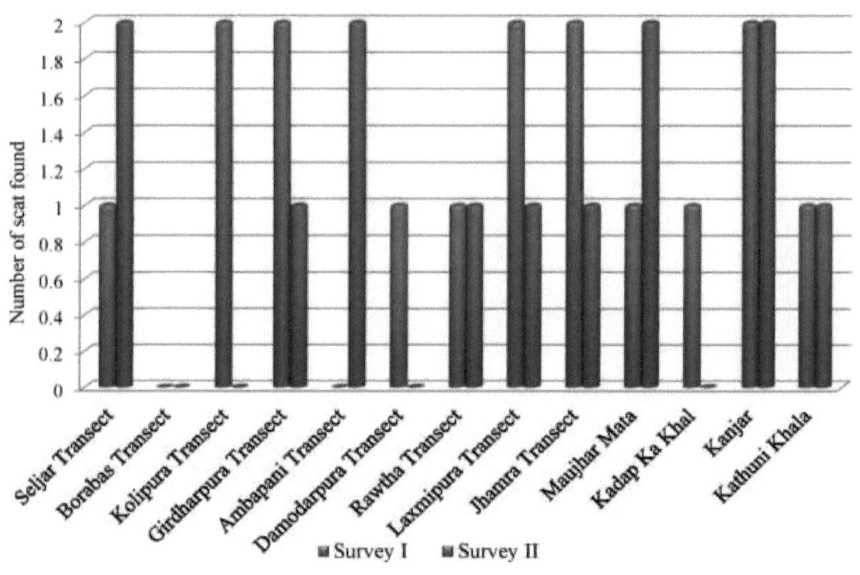

Figura 2: Número de dejetos recolhidos no levantamento por transecto e na busca oportunista

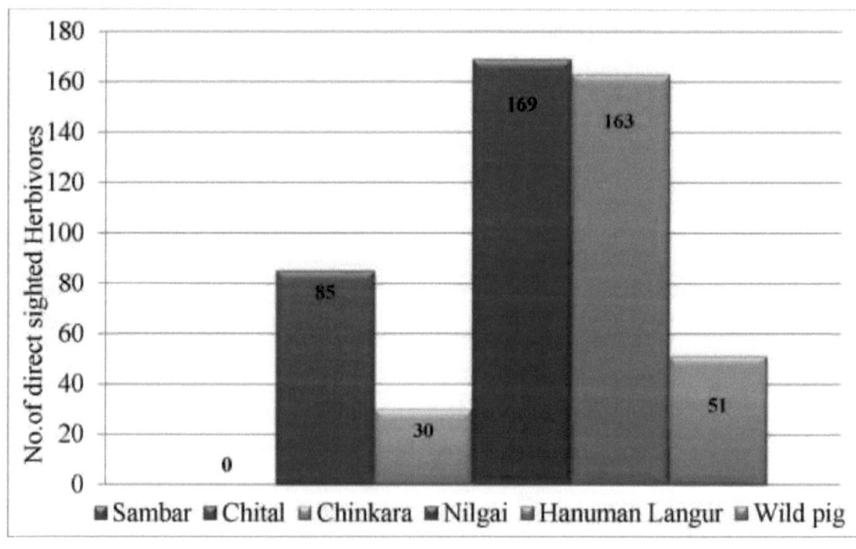

Figura 3: Situação dos Herbívoros avistados diretamente no Parque Nacional de Mukandara Hills

Plate 1: Direct sighting and indirect evidences of wild animals
Spotted deer
Wild pig
Nilgai
Common Langur
Sambar
Leopard Pugmark
Leopard scat
Nilgai Pellets

Leopard

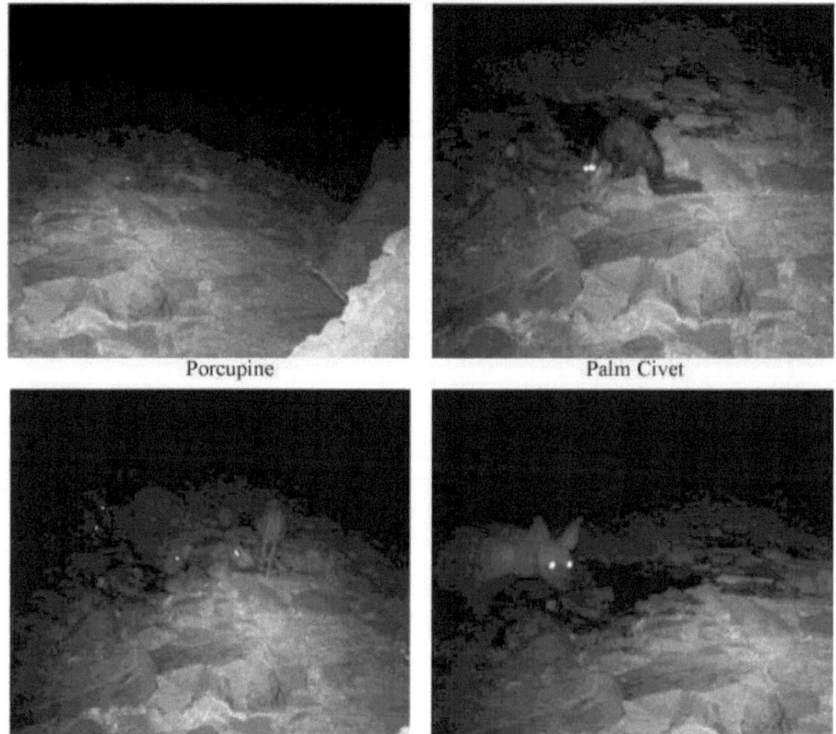

Porcupine

Palm Civet

Wild pig

Hyena

Particularidades	Espécies de herbívoros avistadas diretamente					
	Sambar	Chital	Chinkara	Nilgai	Hanuman Langur	Porco selvagem
Número de herbívoros	0	85	30	169	163	51

Tabela 2: Status dos Herbívoros avistados diretamente no MHNP

Ano do recenseamento	Leopardo-comum	Espécies de presas do Leopardo					
		Sambar	Chital	Nilgai	Chinkara	Langur	Porco selvagem
2009*	10	61	190	401	69	-	662
2010*	10	78	201	429	83	-	775
2011*	11	85	202	371	35	2321	668
2012*	10	94	295	522	100	1470	601
2013	15	104	352	1009	295	2490	794

Quadro 3: Dados do recenseamento anual das espécies de presas e predadores no MHNP (Fonte: Relatório do Recenseamento do Governo do Rajastão) {(-) Recenseamento não efectuado} [(*) Os dados do censo deste ano referem-se apenas ao Santuário de Vida Selvagem de Darrah].

Situação do leopardo no Parque Nacional de Mukandara Hills:

Armadilha fotográfica:

Durante o estudo, num total de 36 noites, foram utilizadas armadilhas fotográficas em 13 zonas de observação do leopardo, entre as 19:00 e as 6:00 horas da noite. A câmara foi instalada numa árvore ao lado do rasto do movimento do leopardo e de outros animais selvagens, com um temporizador de 4 a 6 segundos por clique automático ao passar o objeto (animal selvagem) para captar uma fotografia para identificação e contagem do leopardo e de outros animais selvagens. Antes de instalar a armadilha fotográfica, verificou-se cuidadosamente a sua caraterística e função para obter o melhor resultado. Todas as armadilhas fotográficas foram verificadas por remoção no início da manhã, às 6:00. Todas as armadilhas fotográficas foram colocadas no interior do rasto do leopardo. O total de leopardos observados por armadilhas fotográficas é de um em Borkui (Kolipura Range) durante o estudo no Parque Nacional de Mukandara Hills. O total de leopardos presentes no Parque Nacional de Mukandara Hills é de 15, de acordo com os dados de 2013, que foram obtidos através do governo do Rajastão.

Plate 3: Anthropogenic activities in MHNP

Wood cutting  · Wood cutting

Lopping  · Fuel wood collection

Cow Grazing  · Buffalo Grazing

Mining at Seljar

Pressão antropogénica sobre o Parque Nacional de Mukandara Hills

Atividade antropogénica (Pressão)	Número de Quadrados em que a pressão está presente	Percentagem de ocorrência (Quadrado total n=56)
Corte de madeira	36	62.29%
Desbaste	45	80.36%
Pastoreio (caprino/ovino/bovino)	35	62.50%
Assentamento humano permanente	0	0%
Exploração mineira	3	5.36%

Quadro 4: Pressão antropogénica no Parque Nacional de Mukandara Hills

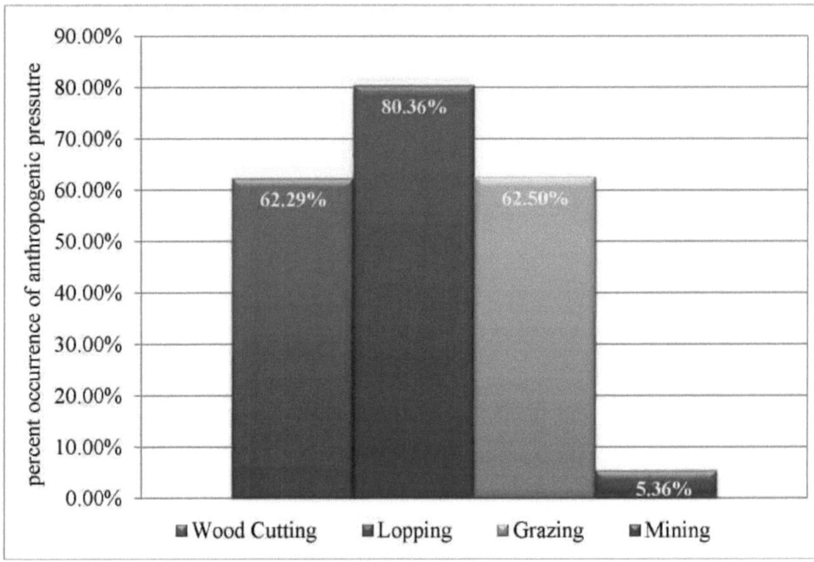

Figura 4: Percentagem de ocorrência de pressão antropogénica no PNHN

As actividades antropogénicas são todas as actividades ilegais criadas pela população local perto e em redor dos parques nacionais, santuários, reservatórios e áreas protegidas, como a agricultura, a pesca, o corte de madeira, o corte de árvores, o pastoreio e a exploração de animais domésticos ou em cativeiro, o transporte, a caça furtiva, a caça e a exploração mineira, que afectam a sobrevivência do leopardo, do tigre e de outros animais selvagens. Devido a estas actividades ilegais, o habitat do leopardo e de outros animais selvagens entrou em declínio, o que não é bom sinal para a vida selvagem no ambiente, porque a cadeia do organismo vivo (animais selvagens, bem como os carnívoros, omnívoros e herbívoros).

Durante o inquérito, foram observadas diferentes actividades que afectam a população de animais selvagens, como o corte de madeira, o desbaste, o pastoreio e a agricultura, nos diferentes quadrantes, como mostra a tabela 4.

De um modo geral, a percentagem de ocorrência de atividade antropogénica foi detectada no Parque Nacional de Mukandara Hills, sendo a causa da degradação ou perda florestal devido ao corte máximo de 80,36% através das populações locais dentro e em redor do Parque Nacional. O abate foi efectuado na região devido à necessidade humana de alimentos, forragens e fibras. O corte de madeira foi o segundo problema encontrado para a degradação desta floresta, com 62,29% de corte de madeira encontrado neste Parque Nacional. O pastoreio também foi encontrado neste Parque Nacional, sendo o principal problema que causou a perda de habitat do animal selvagem a ocorrência percentual (Tabela 4 e Figura 4). E outra região de degradação da população do leopardo e de outros animais selvagens foi a exploração mineira em diferentes áreas deste Parque Nacional.

Inquérito por questionário:

A maioria das pessoas no Parque Nacional de Mukandara Hills não viu o leopardo durante a sua vida. Dos 64 inquiridos, 60,94 % já viram o leopardo e 39,06 % ainda não viram o felino esquivo (Quadro 5 e Figura 5).

S. Não.	N.º de inquiridos que viram ou não viram o leopardo		Percentagem de inquiridos
1.	Viu o leopardo (Sim)	39	60.94 %
2.	Não viu o leopardo (Não)	25	39.06 %

Quadro 5: Número de inquiridos que viram ou não viram o leopardo

Foram registadas diferentes informações sobre o conflito entre humanos e leopardos. 26,56% dos agregados familiares referiram que os leopardos mataram gado, cães, etc. Também 73,44% dos agregados familiares não registaram qualquer incidente em que o seu gado tenha sido morto pelo leopardo. Sem qualquer surpresa, os inquiridos cujo gado foi morto ou ferido pelo leopardo são da opinião de que os leopardos devem ser eliminados da área. Este facto pode ser um grande constrangimento para as iniciativas de conservação.

S. Não.	Número de pessoas cujo gado foi morto ou ferido pelo leopardo		Percentagem de inquiridos
1.	Morto ou ferido (Sim)	17	26.56%
2.	Não morto ou ferido (Não)	47	73.44 %

Quadro 6: Número de pessoas cujo gado foi morto ou ferido pelo leopardo

Dos 64 questionários, é evidente que ninguém viu o leopardo morto nem qualquer incidente em que um humano tenha sido morto ou ferido pelo leopardo.

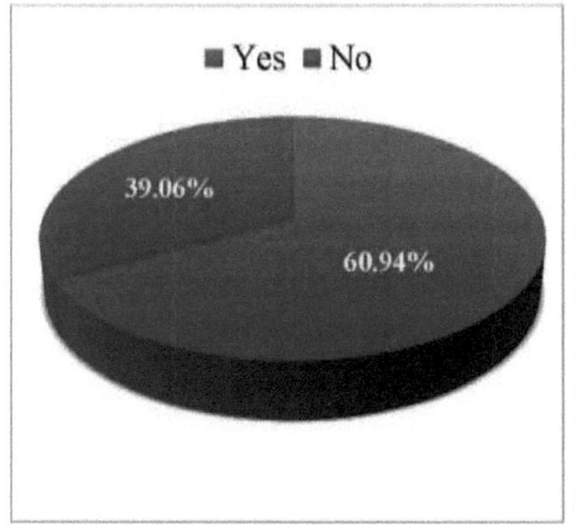

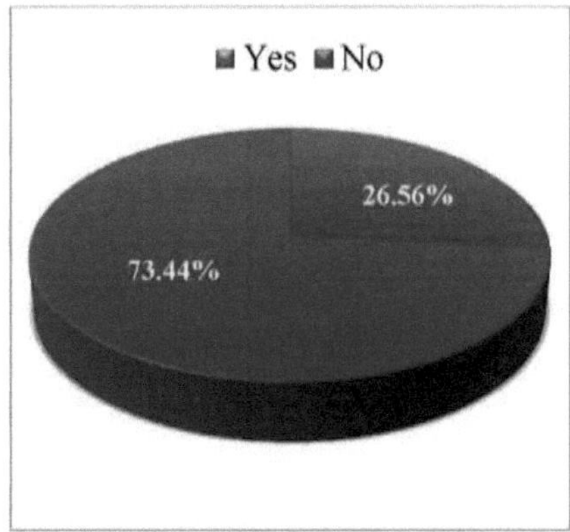

Figura 5: Número de inquiridos que viram ou não viram o

Figura 6: Número de pessoas cujo gado são mortos ou feridos pelo leopardo

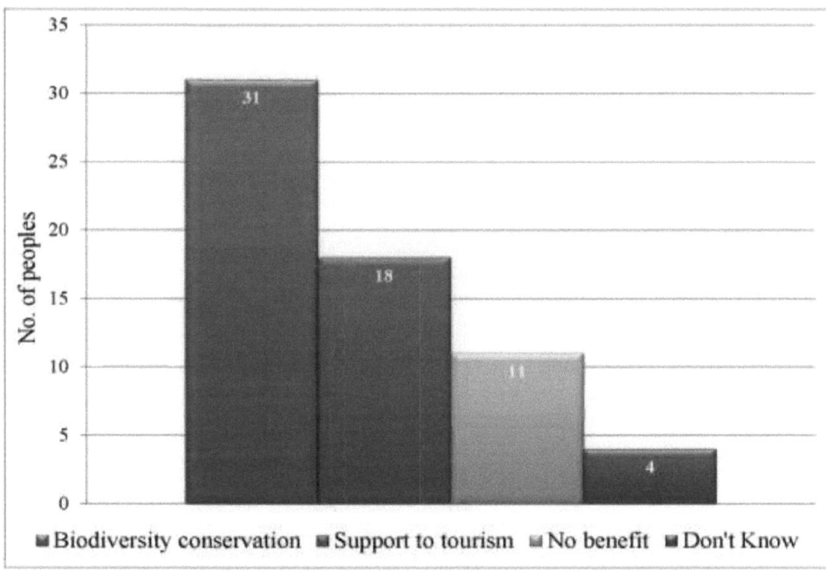

Figura 7: Resposta das pessoas contra os benefícios da conservação do leopardo

Benefícios da conservação do leopardo:

Através de um inquérito por questionário, foi possível determinar a situação dos benefícios para o leopardo e a sua conservação no Parque Nacional de Mukandara Hills e o que pensam as populações locais sobre o desenvolvimento ou o equilíbrio ecológico e o que deve ser feito neste Parque Nacional. Durante o estudo, este inquérito ajuda a conhecer o estatuto do leopardo, tendo sido entrevistadas 64 pessoas em todo o estudo e, destas, 31 pessoas concordaram com a conservação da biodiversidade. 18 pessoas sugeriram envolver o desenvolvimento turístico do Parque Nacional e o seu desenvolvimento com base na economia e as restantes sugeriram não beneficiar ou não saber, como mostra a figura 7, porque desconhecem a importância da vida selvagem e os benefícios da conservação do leopardo.

Questionário	Conservação da biodiversidade	Apoio ao turismo	Nenhum benefício	Não sei
N.º de pessoas	31	18	11	4
Percentagem	48.44	28.12	17.19	6.25

Quadro 7: Resposta das pessoas contra os benefícios da conservação do leopardo

CAPÍTULO 7
DISCUSSÃO

Situação do leopardo no Parque Nacional de Mukandara Hills

No parque nacional de Mukandara Hills foi observado um leopardo durante o estudo de campo em Borkui (Kolipura Range) com a ajuda de uma armadilha fotográfica. A armadilha fotográfica foi montada neste parque num total de 36 noites em 13 zonas de leopardo, onde foi encontrado movimento de leopardo. As evidências de leopardos observadas são as suas marcas de pug e os seus dejectos. Todas as evidências observadas nos seus rastos ou para além dos seus rastos onde o movimento do leopardo foi encontrado. De acordo com os dados de 2013, que foram conduzidos pelo governo do Rajastão, há 15 leopardos presentes no Parque Nacional de Mukandara Hills. Foram instaladas armadilhas fotográficas no rasto do movimento dos leopardos e de outros animais selvagens, verificando a regulação do temporizador para capturar automaticamente os animais selvagens para a sua identificação e contagem. Durante o estudo da área deste parque, foram encontradas 29 amostras de fezes de leopardo e marcas de pug em 13 pontos do parque. Das 29 amostras de fezes, o máximo de fezes foi encontrado na zona de Kanjar, com 4 fezes. Devido à presença de excrementos e de marcas de pug, o estatuto do leopardo é o melhor neste parque nacional, uma vez que os excrementos e as marcas de pug se encontram em todos os locais onde se encontram rastos de leopardo. O estatuto dos herbívoros neste parque nacional é o melhor: Chital, Nilgai, Hanuman Langur e porco selvagem. Destes herbívoros, a população máxima de Nilgai (169) e Hanuman Langur (163) foi observada neste parque nacional. As dietas do leopardo são a Chinkara, o Hanuman Langur, o porco selvagem, etc., que estão disponíveis neste parque.

Pressão antropogénica no Parque Nacional das Colinas de Mukandara e seu efeito no estado do leopardo

As actividades antropogénicas são o principal fator de degradação do habitat do leopardo neste Parque Nacional. As diferentes actividades ilegais, como a agricultura, a pesca, o corte de madeira, o abate de árvores, o pastoreio e a exploração por animais domésticos, afectaram o habitat dos animais selvagens. Através destas actividades, a floresta é degradada neste parque. As perturbações máximas observadas neste Parque Nacional foram o abate de árvores (80,36%) e o corte de madeira (62,29%). A agricultura e a pesca também afectam o habitat dos animais selvagens neste parque nacional, uma vez que a agricultura necessita de água e fertilizantes para produzir as colheitas destinadas às populações locais. Para isso, utilizam a água dos charcos para irrigação. Como sabemos, todos os furos de água e lagoas são sazonais. A maioria dos furos de água não tem água natural. Por conseguinte, a disponibilidade de água neste parque nacional é reduzida. Por conseguinte, a utilização da água para irrigação neste parque pelas populações locais e tribais é a causa da degradação do habitat dos animais selvagens.

O pastoreio também foi observado durante o estudo da área deste Parque Nacional. O pastoreio através dos animais domésticos neste Parque Nacional criou uma competição entre os animais selvagens e os animais domésticos e, por conseguinte, a alimentação dos animais selvagens afunda-se. Por conseguinte, a teia alimentar dos animais selvagens foi afetada neste parque. A interferência humana em termos de actividades ilegais como a caça, a caça furtiva e a pesca também afectam o habitat selvagem. As populações locais ou tribais caçam os animais selvagens para satisfazer as suas necessidades e, em legítima defesa, matam animais selvagens ou répteis neste parque nacional. Isto provoca a degradação dos animais selvagens e do seu habitat.

Os transportes também afectam o habitat dos animais selvagens, uma vez que, para a sua transformação, as auto-estradas nacionais, as estradas e as vias férreas atravessam os parques nacionais, o que provoca a morte ou o ferimento acidental de animais selvagens. A poluição atmosférica e sonora criada pelos transportes perturba ou afecta o habitat dos animais selvagens.

O habitat do leopardo pode ser afetado por estas actividades antropogénicas neste parque nacional. Por isso, podem ser proibidas para aumentar o crescimento do leopardo e o seu desenvolvimento neste parque nacional. Devido ao crescimento da população humana e à satisfação das suas necessidades básicas, que criam actividades ilegais em torno do Parque Nacional. Deveria haver também uma monitorização regular com a ajuda de estagiários, cientistas e peritos nesta área e a introdução e reintrodução de floras e faunas deveria também ser feita de acordo com as necessidades deste Parque Nacional.

CAPÍTULO 8
CONCLUSÃO

Durante o estudo, o porco selvagem, o langur, o chital, o sambar e o gado foram identificados como as principais presas potenciais do leopardo no Parque Nacional de Mukandara Hills. As probabilidades de deteção do porco selvagem e dos macacos foram mais elevadas do que as do sambar e do chital. Em geral, a probabilidade de deteção através de observações diretas e sinais indirectos foi significativamente mais elevada do que através de armadilhagem fotográfica. As actividades antropogénicas foram consideradas como o principal fator humano causal que afecta o porco selvagem e o langur, enquanto as actividades de desflorestação afectaram menos o chital e o sambar.

Causas das actividades antropogénicas (corte de madeira, desbaste, pastoreio, pesca, caça e agricultura); o máximo de desbaste 80,36% que foi utilizado de diferentes formas como forragem, alimento, fogo e construção de cabanas pela população local. Devido à interação das populações locais, de acordo com as suas necessidades, o gado interfere nos parques nacionais, o que constitui um fator de competição entre o animal selvagem e o animal em cativeiro ou o animal doméstico. Assim, a fonte das necessidades dos animais selvagens poderá degradar-se, o que causará a extinção dos animais selvagens no futuro. Por conseguinte, deve ser necessário proibir as actividades antropogénicas em torno do parque nacional e, para o seu desenvolvimento, é necessário introduzir ou reintroduzir as espécies neste parque nacional.

CAPÍTULO 9

RECOMENDAÇÕES E IMPLICAÇÕES PARA A CONSERVAÇÃO

Deverá ser efectuada uma monitorização regular em todo o Parque Nacional. Recomenda-se que seja analisado um levantamento adequado das áreas potenciais para as caraterísticas do habitat e a pressão antropogénica. O plano de gestão pode incluir um programa de sensibilização a nível da comunidade e da aldeia. A população local deve ser envolvida no programa de conservação. Deve ser efectuado um levantamento exaustivo de toda a extensão do rio para avaliar o habitat adequado para a vida selvagem presente no Parque Nacional de Mukandara Hills.

Existem algumas sugestões para o desenvolvimento do estatuto do leopardo e para a sua conservação no Parque Nacional de Mukandara Hills:

1.   As actividades agrícolas devem ser estritamente limitadas.

2.   Devem ser organizados regularmente campos de sensibilização sobre o sistema ecológico e a proteção do ambiente para os habitantes das aldeias.

3.   Devem ser tomadas medidas sérias e rigorosas em relação a actividades ilegais como o corte de madeira, a exploração mineira, a caça, etc.

4.   Deve ser efectuado um controlo ou patrulhamento regular.

5.   Todas as actividades que prejudiquem a floresta devem ser proibidas.

6.   Os pesticidas e os fertilizantes devem ser evitados nas proximidades do ponto de água.

7.   Para a reintrodução da flora e da fauna na floresta em algumas das áreas pode ser feita e, para isso, recomenda-se que seja analisado um levantamento adequado das áreas potenciais para as caraterísticas do habitat e a pressão antropogénica.

8.   Para que os esforços de conservação sejam bem aceites, as populações locais, especialmente os jovens, têm de ser envolvidos na missão, proporcionando-lhes uma forma alternativa de geração de rendimentos sob a forma de eco-desenvolvimento. Isto não pode ser possível sem a ajuda das agências governamentais competentes, de modo a melhorar os meios de subsistência dos aldeões nestas áreas. Durante a nossa investigação, descobrimos que tanto os meios de subsistência como a conservação estão inter-relacionados.

9.   O elevado nível de actividades humanas deve ser minimizado em ambos os lados da floresta, que aumentou imensamente devido às suas actividades domésticas diárias, à caça, ao ruído excessivo produzido por altifalantes de grupos de piquenique.

10.   A agência governamental, juntamente com outras ONG, investigadores, cientistas e especialistas em vida selvagem devem trabalhar em conjunto para salvar o animal da extinção.

11.   São necessárias instalações para efetuar levantamentos noturnos, uma vez que as metodologias existentes não são adequadas para localizar a fauna selvagem durante a noite.

12.   Os programas de sensibilização nestes domínios devem ser intensificados.

13.   Por último, a vida selvagem do MHNP sob um único controlo administrativo para uma melhor implementação dos objectivos.

CAPÍTULO 10
REFERÊNCIAS

1. A.L. Johany A.M.H. (2006). Distribution and conservation of the Arabian Leopard Panthera pardus nimr in Saudi Arabia (Distribuição e conservação do leopardo-árabe Panthera pardus nimr na Arábia Saudita). Department of Zoology, College of Science, King Saud University, P.O. Box 2455, Riyadh 11451, Arábia Saudita. *Journal of Arid Environments 68 (2007) 20-30.*

2. Ahmed, K. e Khan, J.A. (2008). Food habits of leopard in tropical moist deciduous forest of Dudhwa National Park, Uttar Pradesh, India. *Inter National Journal of Ecology & Environmental Sciences 34: 133-140.*

3. Anderson, D. R., J. L. Laake, B. R. Crain e K. P. Burnham. (1979). Guidelines for the transect sampling of biological populations. *Journal of Wildlife Management 43(1):70-78.*

4. Andheria Anish Pramod (2006). Avaliação da dieta e abundância de grandes carnívoros a partir de levantamentos de campo de excrementos. Tese apresentada à Manipal Academy of Higher Education (Deemed University) em cumprimento parcial do grau de Mestre em Ciências em Biologia e Conservação da Vida Selvagem 2006 Programa de Pós-Graduação em Biologia e Conservação da Vida Selvagem Centro de Estudos da Vida Selvagem e Centro Nacional de Ciências Biológicas Campus UAS-GKVK, Bellary Road Bangalore - 560 065.

5. Athreya, V., Odden, M., Linnell, J. D. & Karanth, K. U. (2011). Translocação como uma ferramenta para mitigar o conflito com leopardos em paisagens dominadas pelo homem na Índia. Conservation Biology: *The Journal of the Society for Conservation Biology, 25, 133-141.*

6. Bailey, T. N. (1993). O leopardo africano. Ecologia e comportamento de um felídeo solitário. *Columbia University Press, Nova Iorque.*

7. Bothma, J.d.P. & le Riche, E.A.N. (1986). Preferência por presas e eficiência de caça do leopardo do deserto do Kalahari.

8. Buckland, S. T., D. R. Anderson, K. P. Burnham, K. P e J. L. Laake (1993). Distance sampling: estimating abundance of biological populations. Chapman and Hall, Nova Iorque.

9. Burnham, K. P., D.R. Anderson, e J.L. Laake. (1980). Estimativa da densidade a partir da amostragem de populações biológicas em transectos de linha. *Wildlife Monographs 72: 1-202.*

10. Chauhan, D. S. (2008). Status and ecology of leopard (Panthera pardus) in relation to prey abundance, land use patterns and conflicts with human in Garhwal Himalayas.

Tese de doutoramento, Instituto de Investigação Florestal da Universidade, Índia.

11. Cunninghham, M.W., Dunbar, M.R., Buergelt, C.D., Homer, B., Roelke-Parker, M., Taylor, S.K., King, R., Citino, S.B., e Glass, C. (1999). Defeitos do septo atrial nas panteras da Flórida. *Journal of Wildlife Diseases,35(3): 519-530.*

12. Daniel, J.C. (1996). The leopard in India-A natural history. Natraj Publishers, Dehradun.

13. Desai, A.A., N. Baskaran, N, e Venkatesh, S. (1997). Behavioural ecology of the sloth bear in Mudumalai Wildlife Sanctuary and National park, Tamil Nadu. Relatório. Bombaim, Carolina do Norte. *Journal of Wildlife Management 43:143- 153.*

14. Edgaonkar Advait (2008). Ecology of the Leopard (Panthera Pardus) in Bori Wildlife Sanctuary and Satpura National Park, in Madhya Pradesh, India". Dissertação apresentada à Escola de Pós-Graduação da Universidade da Florida em cumprimento parcial dos requisitos para a obtenção do grau de Doutor em Filosofia pela Universidade da Florida, 2008.

15. Edgoankar A.J. e Chellam Ravi (1998). A preliminary Study on the Ecology of the Leopard, Panthera pardus fusca in the Sanjay Gandhi National Park, Maharashtra. PR-98/002, agosto de 1998, Wildlife Instiyute of India, Dehradun.

16. Gavashelishvili Alexander e Lukarevskiy Victor (2008). Modelação das necessidades de habitat do leopardo Panthera pardus na Ásia Ocidental e Central. Jornal de Ecologia Aplicada 2008, 5, 579-588.

17. Geist, V. (1974). On the relationship of social evolution and ecology in ungulates. *Am. Zool. 14, 205-220.*

18. Goyal, S. P., D. S. Chauhan, B. Yumnan e M. Agarwal. (2007). Status and Ecology of Leopard in Pauri Garhwal: Ranging patterns and reproductive biology of leopard (Panthera pardus) in Pauri Garhwal Himalayas. Relatório final, Wildlife Institute of India.

19. Griffiths, D. (1975). Prey availability and the food of predators. Ecology 56, 12091214.

20. Guggisberg, C. (1975). Wild Cats of the World (Gatos Selvagens do Mundo). Nova Iorque: *Taplinger Publishing Company.*

21. Hamilton, P.H. (1976). The movements of leopards in Tsavo National Park, Kenya, as determined by radio-tracking. Dissertação de mestrado, Universidade de Nairobi.

22. Henschel, P. e Ray, J.C. (2003). Leopardos nas florestas tropicais africanas: técnicas de levantamento e monitorização. Relatório não publicado n.º 54. Nova Iorque: Wildlife Conservation Society.

23. Joshi, Prabhakar (1995). Ethnobotany of the Primitive Tribes in Rajasthan (Etnobotânica das tribos primitivas do Rajastão). Printwell, Jaipur.

24. Karanth, K.U. e Nicholas, J.D. (1998). Estimation of tiger densities in India using photographic captures and recaptures (Estimativa das densidades de tigres na Índia utilizando capturas e recapturas fotográficas). Ecology, 79:2852-2862.

25. Khorozyan, I. (2003). Camera Photo-trapping of the Endangered Leopards (Panthera pardus) in Armenia: a Key Element of Species Status Assessment. Relatório final apresentado ao Peoples' Trust for Endangered Species, Reino Unido.

26. Kittle, A. M & A. Watson, outono (2004). Distribution and Status of the Sri Lankan leopard (Panthera pardus kotiya) A Short Report. *CAT NEWS. NO: 41.*

27. Mandal Krishnendu, K. Shankar, Qurashi Qumar, Gupta Shilpi e Chaurasia Puja (2012). "Estimation of population and survivorship of leopard Panthera parades (Carnivora: Felidae) through photography capture recapture sampling in western India", wild life institute of India, Dehradun.

28. Martin, R.B. e De Meulenaer, T. (1988). Survey of the status of the leopard (Panthera pardus) in sub-Saharan Africa. Secretariado da CITES, Lausana.

29. Mondal, K., (2011). Ecologia do leopardo (Panthera pardus) na Reserva de Tigres de Sariska, Rajastão. Tese de doutoramento apresentada à Universidade de Saurashtra, Gujrat, Índia, pp: 233.

30. Nowell, K. e Jackson, P. (1996). Wild Cats: Status Survey And Conservation Action Plan (Iucn/Ssc Action Plans for the Conservation of Biological Diversity) (Brochura)

31. Pandey, Deep N. (1996). Beyond Vanishing Woods: Participatory Survival Options for Wildlife, Forests and People. CSD e Himanshu, Mussoorie/Nova Deli/Udaipur, pp.222.

32. Pandey, Deep N. e Samar Singh (1995a). Aravalli Ke Deovan. Rajasthan Patrika, 21 de maio de 1995.

33. Pocock, R.I. (1939). Família Felidae. Em Fauna of British India (Mammals), pp. 190-331. *Taylor & Francis, Londres, Reino Unido.*

34. Prater, S. (1997). The book of Indian animals, terceira edição. BNHS, Bombaim.

35. Rabinowitz, A.R. (1989). The density and behaviour of large cats in a dry tropical forest in Huai Kha Khaeng Wildlife Sanctuary, Thailand. *Nat. Hist. Soc. Bull. Siam. Soc. 37: 235-251.*

36. Sanei Arezoo, Zakaria Mohamed, Yusof Ebil & Roslan Mohamad (2011). Estimatîon of leopard population size in a secondary forest within Malaysia's capital agglomeration using unsupervised classification of pugmarks. Tropical Ecology 52(2):

209-217, 2011 ISSN 0564-3295 *Sociedade Internacional de Ecologia Tropical.*

37. Seidensticker, J., Sunquist, M. E. e McDougal, C.W. (1990). Leopardos que vivem nos limites do Parque Nacional Real de Chitwan, Nepal, In J. C. Daniel e J.S. Serro, eds., Conservation in Developing Countries: Problems and Prospectus, pp 415423: *Bombay Natural History Society, Bombay, India: Oxford University Press, Londres.*

38.Spalton James A. e Hikmani Hadi M. Al (2006). The Leopard in the Arabian Peninsula - Distribution and Subspecies Status (O Leopardo na Península Arábica - Distribuição e Estatuto das Subespécies). Gabinete do Conselheiro para a Conservação do Ambiente, Diwan of Royal Court, PO Box 246, Muscat 113, Sultanato de Omã.

39.Turnbull-Kemp, P. (1967). The leopard. Bailey Brothers and Swinfen, Londres, Reino Unido, 268 pp.

40. Waseem Muhammad (2008). Estudou em "Monitoring of Common leopard (Panthera pardus) and its Prey in Northern Pakistan" (Monitorização do leopardo-comum (Panthera pardus) e das suas presas no Norte do Paquistão), Investigador, Projeto de Conservação do Leopardo, WWF-Paquistão.

CHAPTER 11

Anexo

1. Formato do inquérito por questionário para o Leopardo-comum

<u>Inquérito por questionário sobre o leopardo-comum no Parque Nacional de Mukandara Hills, Kota</u>

Nome do inquirido: Idade/Sexo:

Profissão:

Aldeia: N.º de membros da família:

1.   Tem animais de criação ou outros animais domésticos? Em caso afirmativo, preencher o quadro seguinte

Animais domésticos	Vaca	Boi	Ovinos	Cabra	Búfalo	Cão
Alimentado por um estábulo						
Outros						
Total						

2.   Já viste o leopardo?

A. Sim: B. Não:

Em caso afirmativo, onde (local):

Quando (data aproximada):

Quantos (número):

3.   Os seus animais domésticos foram mortos ou feridos por leopardos-comuns no ano passado? Por favor, escreva o número do animal em causa?

A. SimB   . Não

Animais domésticos	Vaca	Boi	Ovelha	Cabra	Búfalo	Cão
Matar						
Ferido						

4.   Viu algum incidente em que um leopardo tenha sido morto na zona?

A. SimB   . Não

5.   Houve algum incidente em que os aldeões tenham sido feridos, atacados ou mortos pelo leopardo no ano passado?

A. SimB   . Não

6.   Quais são os benefícios da conservação dos leopardos?

A. Conservação da biodiversidadeB   . Apoio ao turismo

C. Sem benefíciosD   . Não sei

7.   Por favor, preencha as informações em falta se considerar que são úteis para o leopardo:

Printed by Books on Demand GmbH, Norderstedt / Germany